Pascal Wodtke

Aus der Reihe: e-fellows.net stipendiaten-wissen

e-fellows.net (Hrsg.)

Band 1409

Das Georadarsystem. Physikalische Anwendungen in der Archäologie

GRIN Verlag

Impressum:

Copyright © 2013 GRIN Verlag GmbH
Druck und Bindung: Books on Demand GmbH, Norderstedt Germany
ISBN: 978-3-656-97411-6

Inhaltsverzeichnis

1 Das Georadar als Methode zur Untergrunderkundung

Wir alle kennen es: Das kleinkindliche „Buddeln" in der Sandgrube. Doch was steckt dahinter? Ist es ein evolutionärer Wunsch das „Unbekannte", also den Untergrund zu erkunden? Sie wollen vielleicht Schätze aufspüren oder auf die ominöse Kanalisation stoßen, von der die Erwachsenen häufig sprechen. Was auch immer es ist, es ist nicht nur bei Kindern vorhanden. Wenn Erwachsene auch transparentere Motive haben den Untergrund auszukundschaften, beispielsweise das Verlegen von Leitungen oder archäologische Ausgrabungen, eines ist von Kind zu Erwachsenem gleich: Der Untergrund soll oder muss sichtbar gemacht werden. Daher wurden im Laufe der Menschheitsgeschichte die Methoden dazu perfektioniert, bis heute, wo zerstörungsfreie Erkundungen des Untergrundes die Regel sind, da diese offensichtlich besonders praktisch sind. Verfahren hierfür sind beispielsweise die Reflexionsverfahren, die, wie der Name schon verrät, durch Reflexion von Wellen funktionieren. Ein, auch in der Archäologie, häufig angewandtes elektromagnetisches Reflexionsverfahren ist die Erkundung des oberflächennahen Bereiches des Untergrundes durch das Georadarsystem (GPRS (Ground Penetrating Radar System)), auch Bodenradar genannt. Doch macht es Sinn das Georadarsystem in der Archäologie zu verwenden? Ebendiese Frage soll nach Abschluss der Arbeit beantwortet werden können.

Diese Methode und ihre Anwendung in der Archäologie soll das zentrale Thema dieser Arbeit sein, in der zuerst ein Überblick über die relevanten physikalischen Grundlagen verschafft wird, die für das Georadarverfahren relevanten Wellenphänomene Reflexion und Transmission, sowie die relevanten elektrischen Eigenschaften, die der Untergrund aufweist, die Dielektrizität und die elektrische Leitfähigkeit. Anschließend wird die Funktionsweise des Georadarsystems anhand zweier verschiedener Messanordnungen erläutert, der Reflexionsanordnung und der Transmissionsanordnung. Dazu wird zuvor ein Überblick über die Ausstattung eines Georadarsystems gegeben. Danach wird erklärt, wie die in der Messung gewonnenen Daten auf dem Radargramm dargestellt werden und wie sie interpretiert werden. Außerdem werden die Einflüsse auf die Messergebnisse und die aus diesen Einflüssen resultierenden Erwägungen vor dem Georadareinsatz genannt. Es folgt die gegenwärtige Anwendung des Georadarsystems in der Archäologie und dessen Bedeutung und Nutzen für diese Wissenschaft. Unter diesem Aspekt werden zwei archäologische Fundbeispiele angeführt. Als Abschluss der Arbeit wird die gestellte Frage da-

nach, ob das Georadarsystem eine sinnvolle Anwendung in der Archäologie ist, beantwortet. Des Weiteren wird ein Ausblick auf andere Anwendungsgebiete der Messmethode
gegeben.

2 Das Georadarsystem

2.1 Physikalische Grundlagen

2.1.1 Reflexion und Transmission an Grenzflächen

Eine Grenzfläche ist die Kontaktfläche, die zwischen zwei unterschiedlichen Medien
existiert, also zum Beispiel zwischen einem Medium A mit der elektrischen Leitfähigkeit
σ_1 und einem Medium B mit einer anderen elektrischen Leitfähigkeit σ_2. [1]

Die **Reflexion** bezeichnet das Zurückwerfen einer einfallenden Welle an einer Grenzfläche, hierbei ist nach dem Reflexionsgesetz der Einfallswinkel α gleich dem Ausfallswin-
kel β. Die Winkel sind dabei vom Lot auf die Grenzfläche aus zu messen. Trifft eine
Welle, am Beispiel des Georadar eine elektromagnetische Welle, auf eine Grenzfläche, so
tritt Reflexion auf. [2]

Jedoch wird normalerweise nicht die komplette Energie der Welle an der Grenzfläche von
Medium A reflektiert, sondern nur ein Teil, das nennt sich **partielle Reflexion**. Der andere
Anteil der Energie wird entweder an der Grenzfläche absorbiert oder durch das Medium
B **transmittiert**. Der transmittierte Teil breitet sich in Medium B weiter aus. In bestimm-
ten Fällen kann aber auch die komplette Energie der Welle an der Grenzfläche reflektiert
werden, hier spricht man von **Totalreflexion**. [3]

---

[1] http://flexikon.doccheck.com/de/Grenzfl%C3%A4che aufgerufen am 25.08.2013
[2] http://de.wikipedia.org/wiki/Reflexion_(Physik) aufgerufen am 25.08.2013, Abschnitt: Reflexionsgesetz
[3] http://de.wikipedia.org/wiki/Reflexion_(Physik) aufgerufen am 25.08.2013, Seite 1

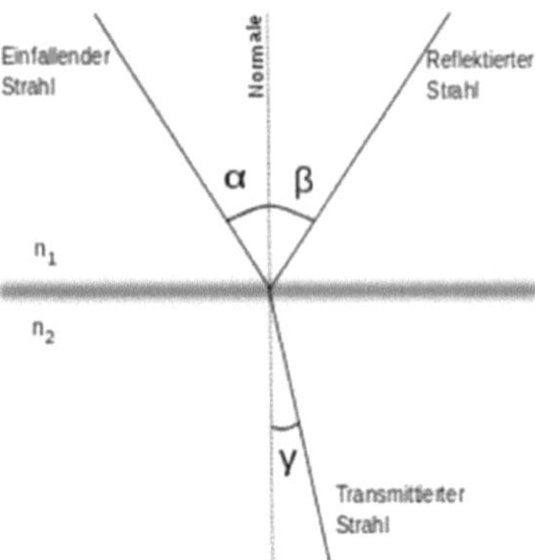

Abbildung 1: Prinzip der Reflexion und der Transmission [4]

2.1.2 Elektrische Eigenschaften

Bei Georadarmessungen werden für eine ausreichende Qualität der Auswertung Materialkontraste im Erdboden benötigt. Relevante Materialkontraste sind vor allem die Unterschiede in den elektrischen Eigenschaften der verschiedenen Schichten, da die Ausbreitung der elektromagnetischen Wellen abhängig von ihnen ist.[5]

2.1.2.1 Permittivität

Die **Permittivität** ε, oder dielektrische Leitfähigkeit ist eine von den beiden elektrischen Eigenschaften, die wesentlichen Einfluss auf die Ausbreitung der elektromagnetischen Wellen nehmen. Sie gibt die Durchlässigkeit eines Materials für elektrische Felder an [6]. Das Vakuum hat die Permittivität $\varepsilon_0 \approx 8{,}854 \cdot 10^{-12} \frac{As}{Vm}$auch „**elektrische Feldkonstante**" genannt [7]. Die **relative Permittivität**, auch Dielektrizitätszahl genannt, ist das Verhältnis von der Permittivität eines Mediums zu der elektrischen Feldkonstante [8] . Da Dividend und Divisor die gleiche Einheit haben, ist die Dielektrizitätszahl eine dimensionslose Größe, eine physikalische Größe, die ohne Einheit angegeben werden kann. Das Vakuum hat also die Dielektrizitätszahl $\varepsilon_r = 1{,}00$. Die relative Permittivität hat Einfluss auf den Anteil der reflektierten Welle. Um diesen Anteil zu beschreiben, benutzt man den

---

[4] http://commons.wikimedia.org/wiki/File:Reflexion.svg aufgerufen am 15.08.2013
[5] http://www.ggukarlsruhe.de/Messverfahren_Geophysik_zersto/GGU_Das_Georadar_RD-6_98c.pdf aufgerufen am 23.08.2013
[6] http://www.itwissen.info/definition/lexikon/Dielektrizitaetskonstante-dialectric-constant-DK.html aufgerufen am 23.08.2013
[7] http://de.wikipedia.org/wiki/Elektrische_Feldkonstante aufgerufen am 23.08.2013
[8] http://de.wikipedia.org/wiki/Dielektrizit%C3%A4tskonstante aufgerufen am 26.08.2013

Reflexionskoeffizient, dessen Betrag angibt um welchen Faktor die reflektierte Welle schwächer ist als die Einfallende.

Der Reflexionskoeffizient $R_{1,2}$ lässt sich berechnen durch folgende Formel:

$R_{1,2} = \frac{\sqrt{\varepsilon_{r1}}-\sqrt{\varepsilon_{r2}}}{\sqrt{\varepsilon_{r1}}+\sqrt{\varepsilon_{r2}}}$ Bei maximalem Materialkontrast liegt ein Reflexionskoeffizient von 1,0 vor, also Totalreflexion. [9]

Die Dielektrizitätszahl des Mediums hat auch Einfluss auf die Ausbreitungsgeschwindigkeit der elektromagnetischen Wellen, die vom Georadar in den Untergrund entsandt werden. Dabei gilt folgender Zusammenhang:

$v = \frac{c}{\sqrt{\varepsilon_r}}$ wobei c die Lichtgeschwindigkeit im Vakuum und v die Ausbreitungsgeschwindigkeit der elektromagnetischen Wellen im Medium mit Dielektrizitätszahl ε_r ist.

der Reflektorabstand d kann dann berechnet werden durch die Formel:

$d = \frac{v \cdot t}{2}$, wobei t die Laufzeit des Signals ist. [10]

2.1.2.2 Konduktivität

Die zweite die Wellenausbreitung beeinflussende elektrische Eigenschaft ist die elektrische **Leitfähigkeit** σ, oder „Konduktivität". Sie gibt die Fähigkeit eines Materials an, elektrischen Strom zu leiten und hat die Einheit $\Omega^{-1} \cdot m^{-1}$ [11]. Die elektrische Leitfähigkeit eines Stoffes bestimmt dessen Reflexionsvermögen ebenso wie die relative Permittivität mit. Eng damit zusammen hängt die Eindringtiefe der elektromagnetischen Wellen in den Untergrund. Allgemein nimmt die **Signalabsorption** mit steigender Leitfähigkeit zu, so dass leitende Stoffe wie Metall oder Salzwasser die Wellen komplett abschirmen können. An ihnen tritt dann Totalreflexion auf [12] [13]. Daher können die elektromagnetischen Wellen

---

[9] http://de.wikipedia.org/wiki/Reflexion_(Physik)
[10] http://www.bgr.bund.de/DE/Themen/GG_Geophysik/Methoden/Georadar/methode_georadar_node.htm
    aufgerufen am 23.08.2013
[11] http://de.wikipedia.org/wiki/Konduktivit%C3%A4t aufgerufen am 26.08.2013
[12] http://www.ggukarlsruhe.de/Messverfahren_Geophysik_zersto/GGU_Das_Georadar_RD-6_98c.pdf
    aufgerufen am 23.08.2013, Seite 1,2
[13] http://books.google.de/books?id=N5JxVmqhJE4C&pg=PA43&lpg=PA43&dq=Signalabsorption+leitf%
    C3%A4higkeit&source=bl&ots=rF9u-PncH3&sig=62PHXdH100YcvPU3-
    qj59k464dQ&hl=de&sa=X&ei=TX8cUo2MNonAhAeQ0IGQCA&ved=0CE4Q6AEwBw#v=onepage
    &q=Signalabsorption%20leitf%C3%A4higkeit&f=false aufgerufen am 26.8.2013, Seite 43

des Georadar nicht weit in feuchten Boden eindringen. Ebenso kann es bei gering leitenden Stoffen wie bei dem Eis auf der Antarktis zu einer Eindringtiefe von bis zu einigen Kilometern kommen[14].

2.2 Funktionsweise des Georadarsystems

2.2.1 Ausstattung eines Georadarsystems

Zur typischen Ausstattung eines Georadarsystems gehört die **Sende-und Empfangseinheit** zur Signalerzeugung und zum Empfangen des reflektierten Signals. Diese besteht aus einer Dipolantenne, welche die elektromagnetischen Impulse in den Untergrund sendet und einer Empfangsantenne, die sie empfängt. Sende-und Empfangsantennen sind miteinander fest verbunden, da so ein konstanter Abstand zueinander gewährleistet ist. Fallweise sind Sender und Empfänger auch getrennt, für Spezialmessungen oder Messungen mit der Transmissionsanordnung (s. Kapitel 2.2.3). Neben der Sende-und Empfangseinheit ist auch die **Radarsteuer-und Aufzeichnungseinheit** Teil des Georadarsystems. Damit werden die empfangenen Signale registriert und auf dem zugehörigen **Radarschirm** mithilfe einer speziellen Auswertungssoftware als Radargramm dargestellt. Interpretiert werden die Daten von qualifizierten Fachkräften mit der nötigen Erfahrung. Das Georadarsystem ist meist auf einen kleinen Wagen montiert, was den Transport bei der Messung erleichtert. 15 16

---

[14]http://www.bgr.bund.de/DE/Themen/GG_Geophysik/Aerogeophysik/Projekte/abgeschlossen/Aero-Radar/eisdickenmessung_antarktis.html?nn=1547912 aufgerufen am 29.08.2013
[15] http://www.ggukarlsruhe.de/Messverfahren_Geophysik_zersto/GGU_Das_Georadar_RD-6_98c.pdf aufgerufen am 23.08.2013, Seite 2
[16] http://www.georadarforum.de/?q=de/node/21, aufgerufen am 23.09.2013

Abbildung 2: Georadarsystem bei einer Messung auf Capri, Italien (eigenes Foto)

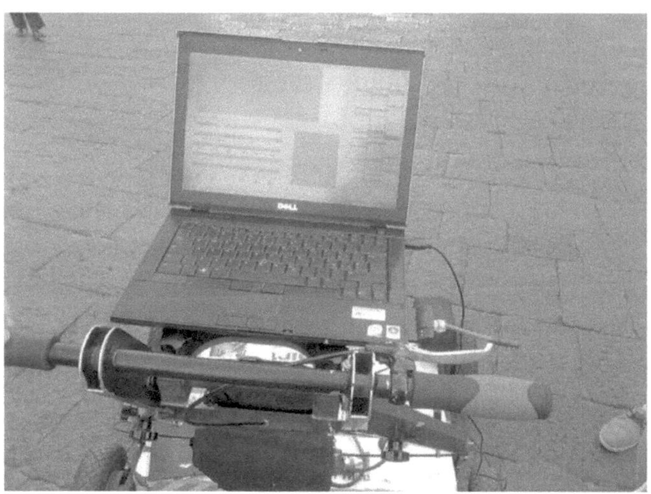

Abbildung 3: Radarsteuer-und Aufzeichnungseinheit, mit Radarschirm (eigenes Foto)

Abbildung 4: Ein Mitglied des Messpersonals und ich (eigenes Foto)

2.2.2 Funktionsweise der Reflexionsanordnung

Ein Georadarsystem wird allgemein in zwei verschiedenen Anordnungen angewandt, in der Reflexionsanordnung und in der Transmissionsanordnung.

Die vor allem in der Archäologie gängige Anordnung, die aber auch in anderen Gebieten häufiger verwendet wird, ist die Reflexionsanordnung, deren Funktionsweise im Folgenden näher erläutert wird. Die Funktionsweise der Reflexionsanordnung beruht grundsätzlich auf **elektromagnetischer Reflexion**. Ein Vorteil gegenüber der Transmissionsanordnung ist, dass das aufzuspürende Objekt nur von einer Seite zugänglich sein muss.

Durch die Dipol-Sendeantenne, die sich mitsamt des Georadarsystems an der Oberfläche befindet, werden zuerst **elektromagnetische Impulse** in den zu untersuchenden Untergrund abgestrahlt. Die Frequenz der elektromagnetischen Wellen kann hierbei je nach Beschaffenheit und Zweck variieren, bei archäologischen, geologischen und ingenieurtechnischen Aufgaben liegen die Arbeitsfrequenzen üblicherweise zwischen 10 und 1000 MHz. [17]

---

[17]http://www.uni-protokolle.de/Lexikon/Georadar.html aufgerufen am 26.05.2013

Nachdem die elektromagnetischen Wellen in den Untergrund abgestrahlt wurden, breiten sie sich dort aus und werden an Grenzflächen, die andere elektrische Eigenschaften als die vorher durchdrungene Schicht aufweisen, reflektiert und transmittiert. Bei der Reflexionsanordnung ist der reflektierte Teil von Bedeutung, der sich wieder zur Oberfläche hin ausbreitet und von der Empfangsantenne, die ebenfalls Teil des Georadarsystems ist, registriert wird. Hierbei werden Laufzeiten und Größen der Amplituden der elektromagnetischen Wellen aufgezeichnet und im Verhältnis zur Entfernung auf einem Radargramm abgebildet. Da sich die Sende- und Empfangsantenne in zeitlich konstantem Abstand über die Oberfläche bewegen, ergibt sich ein Profil des Untergrundes. Die elektrischen Eigenschaften, die bei der Reflexion der elektromagnetischen Wellen von großer Bedeutsamkeit sind, sind vor allem die **Permittivität** (ε) und die **Konduktivität** (σ).

Neben der Reflexion an Grenzflächen existiert ein weiterer Fall, der auftreten kann. Befindet sich im Untergrund ein Objekt, beispielsweise eine Röhre, oder ein archäologisch wertvolles, kugelförmiges Gefäß, werden die ausgesandten Wellen am Objekt so reflektiert, dass sie sich wieder in die gleiche Richtung zurück ausbreiten. Das liegt daran, dass punktförmige Reflektoren die Eigenschaft haben, eine einfallende Welle auf jeden Fall in die Richtung des Einfallens zu reflektieren. So ergibt sich aufgrund der Bewegung von Sende- und Empfangseinheit über das Objekt eine Differenz der zurückgelegten Wege der Wellen, daraus auch eine Differenz der Laufzeiten, der Scheitelwert, also der minimal zurückgelegte Weg und die minimale Laufzeit, ist erreicht, wenn das Objekt sich genau in der Mitte zwischen Sende- und Empfangsantenne befindet. Die Laufzeit und die Amplitude dieser elektromagnetischen Wellen werden nun wiederum von der Empfangsantenne aufgezeichnet und auf dem Radargramm als **Diffraktionshyperbel** abgebildet. Da sich diese Hyperbel maßgeblich von der Darstellung der Grenzflächen abhebt, kann zwischen den beiden Fällen unterschieden werden. Die sich im Untergrund ausbreitenden Wellen zeichnen meist auch unter dem Objekt befindliche Grenzflächen oder Objekte auf, weil sich der Winkel zu dem im Boden befindlichen Objekt durch die Bewegung der Empfangs- und Sendeantenne stetig ändert (Abbildung 5).[18]

---

[18] http://www.munitionsbergung.at/upload/files/diplomarbeit.pdf aufgerufen am 26.05.2013

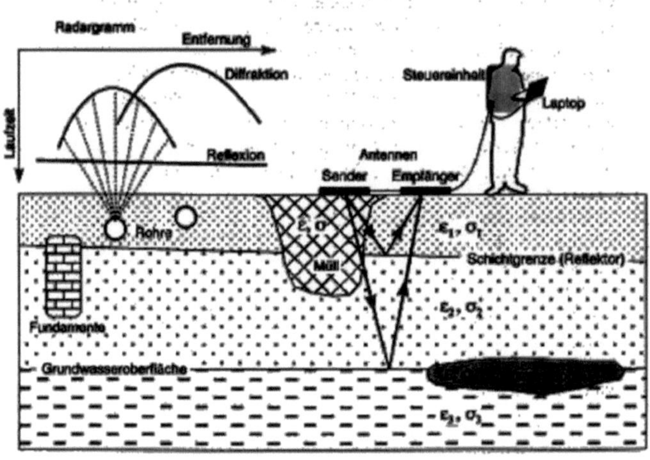

Abbildung 5: Funktionsweise der Reflexionsanordnung [19]

2.2.3 Funktionsweise der Transmissionsanordnung

Eine eher bei Spezialuntersuchungen angewandte Untersuchungsmethode ist die Transmissionsanordnung. Diese soll der Vollständigkeit halber nur kurz beschrieben werden, eine genaue Betrachtung ist nicht nötig, da sie in der Archäologie normalerweise nicht verwendet wird. Ziele einer Messung, bei der diese Anordnung angewandt wird sind vor allem Strukturanalysen, oder Bestimmungen von Materialparametern wie der Dielektrizitätszahl und der Wellengeschwindigkeiten im durchdrungenen Medium.

Bei der Transmissionsanordnung wird von zwei gegenüberliegenden Seiten Zugang zu dem untersuchten Material benötigt. Die Sendeantenne wird auf der einen Seite platziert und die Empfangsantenne auf der gegenüberliegenden (Abbildung 6). Dann werden elektromagnetische Wellen mit gleichen Frequenzen wie bei der Reflexionsanordnung in das Material gesendet. Der Teil der Wellen, der nicht absorbiert oder reflektiert wurde, wird von der Empfangsantenne als transmittierter Teil registriert. Über die Laufzeit des Signals und die Dicke des Materials wird die Wellengeschwindigkeit im Medium berechnet. Auch hier werden Laufzeit des Signals und Amplitude aufgezeichnet und auf dem

---

[19] http://www.munitionsbergung.at/upload/files/diplomarbeit.pdf aufgerufen am 26.05.2013, Seite 22

Radargramm dargestellt. Die Transmissionsanordnung wird zum Beispiel in Bauwerken an Säulen angewandt.20 21

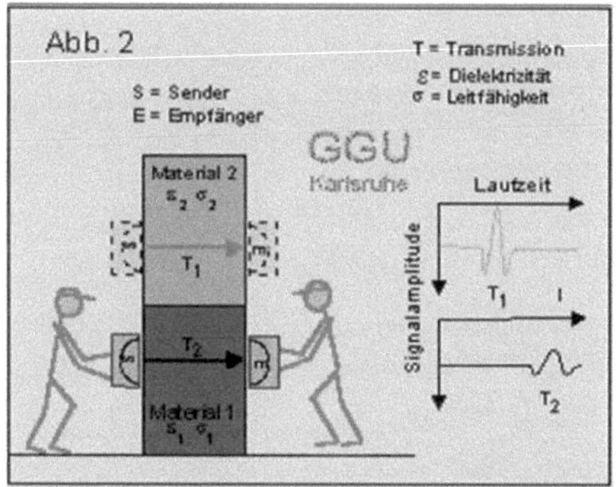

Abbildung 6: Funktionsweise der Transmissionsanordnung22

2.3 Datendarstellung und Auswertung der Messergebnisse

2.3.1 Datendarstellung auf dem Radargramm

Die registrierten Daten werden während der Messung aufgezeichnet und auf dem Radarschirm als **Radargramm** dargestellt. Man kann das Radargramm normalerweise schon während der Messung betrachten. Dabei ist die Darstellungsart meist ein zweidimensionales Weg-Tiefe/Laufzeit Diagramm, auf dem auch die Signalamplitude häufig als Farbcode, oder als Grauabstufung abgebildet ist. Dadurch kann man starke Signale von weniger starken Signalen unterscheiden. Die x-Achse ist dabei der Weg, den die Messanordnung an der Oberfläche zurücklegt, die y-Achse ist die Laufzeit der Signale in Nanosekunden, die aber bei bekannter Wellengeschwindigkeit in die Eindringtiefe der Signale umgerechnet wird, so dass sich bei ausreichender Auflösung ein zweidimensionales Profil, oder ein **Tiefenschnitt** des Untergrundes ergibt (s. Abbildung 7). Gewöhnlich werden gefundene Objekte flächig untersucht, das heißt es werden gehäuft Messungen in kleinen Abständen von dem gefundenen Objekt durchgeführt, so dass man mehrere parallel nebeneinander liegende Radargramme erhält. Anhand dieser Radargramme kann man eine

---

[20] http://www.ggukarlsruhe.de/Messverfahren_Geophysik_zersto/GGU_Das_Georadar_RD-6_98c.pdf ,aufgerufen am 23.08.2013

[21]

http://books.google.de/books?id=F8tWUyXVeRwC&pg=PA47&lpg=PA47&dq=Transmissionsanordnung&source=bl&ots=IQ20kE9NU&sig=aBvx4gZKISUZ7A1hEm3sTgOIwYA&hl=de&sa=X&ei=0Y28UcHQE8LXtQbL_YGAAQ&ved=0CEAQ6AEwAw#v=onepage&q=Transmissionsanordnung&f=false , aufgerufen am 26.08.2013, Seite 47

[22] http://www.ggukarlsruhe.de/Messverfahren_Geophysik_zersto/Georadar_1_Bauradar_Bodenradar/hauptteil_georadar_1_bauradar_bodenradar.html , aufgerufen am 05.11.2013, Seite 1, Abb. 2

sogenannte **Zeitscheibe** erstellen. Dies ist die Struktur einer Fläche in der Tiefe, die parallel zur Oberfläche liegt (s. Abbildung 7). Je mehr Radargramme in gleichem, möglichst kleinem Abstand voneinander vorhanden sind, desto höher ist die Auflösung und desto genauer ist die Darstellung der Daten auf der Zeitscheibe. Für die Erstellung der Zeitscheibe werden alle Reflexionssignale einer bestimmten Tiefe, sinnvollerweise der des gefundenen Objekts, zusammengefasst. [23]

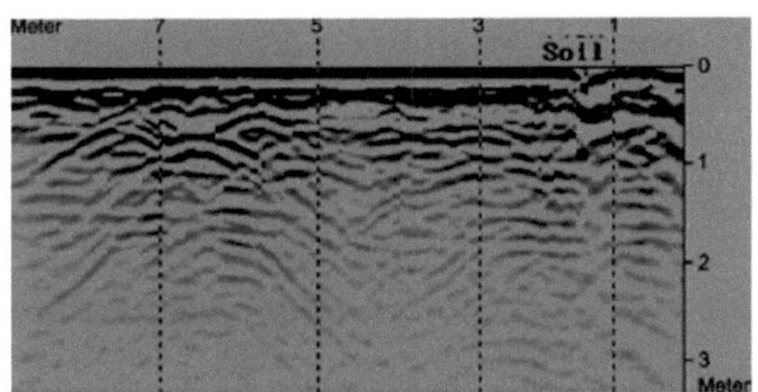

Abbildung 7: Radargramm einer Messung, es sind verschiedene Diffraktionshyperbeln

zu erkennen, die auf Störkörper hinweisen [24]

---

[23]

http://books.google.de/books?id=N5JxVmqhJE4C&pg=PA43&lpg=PA43&dq=Signalabsorption+leitf
%C3%A4higkeit&source=bl&ots=rF9u-PncH3&sig=62PHXdH100YcvPU3-
qj59k464dQ&hl=de&sa=X&ei=TX8cUo2MNonAhAeQ0IGQCA&ved=0CE4Q6AEwBw#v=onepage
&q=Signalabsorption%20leitf%C3%A4higkeit&f=false aufgerufen am 29.08.2013, Seite 45
[24]http://www.arbeitshilfen-kampfmittelraeumung.de/kapitel/1206455444651.html aufgerufen am
12.10.2013

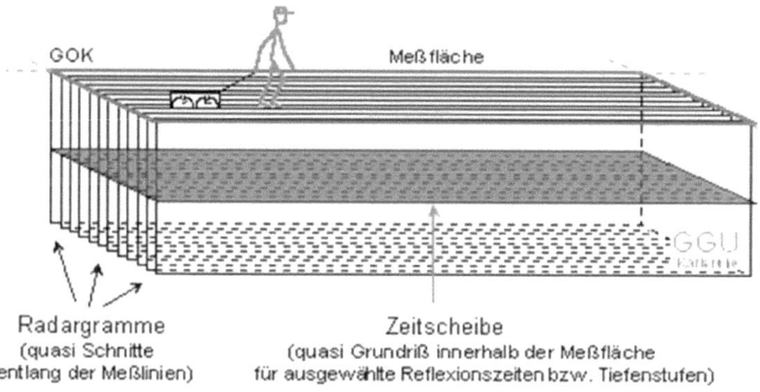

Abbildung 8: Zeitscheibe [25]

2.3.2 Dateninterpretation aus dem Radargramm und Einflüsse auf die Messergebnisse

Sobald die Daten nach der Messung auf dem Radargramm dargestellt sind, müssen diese korrekt interpretiert werden, da das Georadarverfahren ein **indirektes Verfahren** ist. Das bedeutet, dass die Messergebnisse auf dem Radargramm nur Hinweise sind, die keine offensichtliche Antwort auf Fragestellungen zulassen. Daher gibt es das **Auswertepersonal**, das aus besonders qualifizierten Fachkräften besteht, die ausreichend Kenntnisse über die Messmethode und ein gewisses Maß an gewonnener Erfahrung im Bereich der Dateninterpretation aus Radargrammen haben. Um die Wahrscheinlichkeit einer guten Interpretation zu erhöhen, sollten sich diese ihrer Befangenheit bewusst sein, da sie Annahmen und Vorwissen in die Interpretation mit einfließen lassen. Um die Daten korrekt auswerten zu können, müssen einige Einflüsse auf die Messergebnisse beachtet werden. Die Messergebnisse hängen hauptsächlich von der Ausbreitung der elektromagnetischen Wellen im Untergrund ab. Ein Aspekt, der bei der Interpretation beachtet werden muss, ist der Materialkontrast. Ist ein sehr starker Materialkontrast vorhanden, resultiert aus der starken Reflexion zwar ein deutliches Messergebniss, aber der enorme Energieverlust hindert die Wellen daran, weiter in den Untergrund vorzudringen, so kann Darunterliegendes verdeckt werden. Ein zu geringer Materialkontrast reicht allerdings für eine klare

---

[25]http://pille.iwr.uni-heidelberg.de/~volumen03/Georadar03.jpg , aufgerufen am 24.09.2013

Darstellung auf dem Radargramm nicht aus. Neben dem Materialkontrast muss auch die Neigung der Reflektorfläche beachtet werden. Ist diese Neigung zu stark, wird ein Großteil des Signals nicht zur Antenne, sondern zur Seite abgelenkt, was zu einer ungenauen Darstellung auf dem Radargramm führt. Um gute Messwerte zu erhalten, sollte man ebenfalls beachten, dass die Eindringtiefe der Wellen von deren Frequenz abhängt. Zwar dringen niederfrequente Wellen tiefer in den Untergrund ein, jedoch bei geringerer Auflösung. Dagegen nimmt bei höherfrequenten Wellen die Signalhemmung zu und somit die Eindringtiefe ab. Die Ausbreitung der Wellen hängt auch wesentlich von der elektrischen Leitfähigkeit des Materials ab. Leitet es zu stark, werden die Wellen zu sehr abgeschirmt, was wiederum dazu führt, dass Darunterliegendes verdeckt werden kann.[26]

2.3.3 Resultierende Erwägungen vor dem Georadareinsatz

Vor dem Georadareinsatz sollten aufgrund der verschiedenen Einflüsse auf das Signal bestimmte Überlegungen getroffen werden.

Sucht man ein konkretes Objekt, muss vorher geklärt werden, ob es sich durch einen ausreichenden Materialkontrast von der Umgebung abhebt, ansonsten kann es auf dem Radargramm nicht dargestellt werden.

Vermutet man ein Objekt in einer bestimmten Tiefe, sollte untersucht werden, ob der Untergrund die erforderliche elektrische Leitfähigkeit hat, ist sie zu hoch, können die Wellen eventuell nicht weit genug eindringen. Auch die Oberfläche sollte auf ihre elektrische Leitfähigkeit untersucht werden, in Salzwasser können die elektromagnetischen Wellen zum Beispiel nicht eindringen. [27]

2.4 Anwendung des Georadarsystems in der Archäologie

2.4.1 Allgemeine Bedeutung des Georadarsystems in der Archäologie

Das Georadarsystem ist seit dessen Entwicklung von großem Nutzen für Archäologen. Es ist eines der Verfahren, mit denen man ergebnislosen Ausgrabungen vorbeugen kann.

---

[26] http://www.ggukarlsruhe.de/Messverfahren_Geophysik_zersto/GGU_Das_Georadar_RD-6_98c.pdf
Seite 1,2,3
[27] http://www.ggukarlsruhe.de/Messverfahren_Geophysik_zersto/GGU_Das_Georadar_RD-6_98c.pdf
Seite 3

Aus diesem Grund wird es auch häufig als solches benutzt. Es wird meistens auf Verdachtsflächen angewendet, bevor es zu weitaus teureren Maßnahmen kommt. Ist diese Voruntersuchung durch die praktische, zerstörungsfreie Anwendungsmethode ohne Resultat, gibt das Grund zu der Annahme, dass sich kein archäologisches Objekt im Untergrund befindet, dort somit keine Ausgrabung nötig ist. Umgekehrt können an Verdachtsflächen Störkörper registriert werden, sodass die Wahrscheinlichkeit einer erfolgreichen Ausgrabung steigt. Besonders gut können mit dem Georadar Bauwerksreste und unterirdische Kammern entdeckt werden, jedoch auch kleinere Objekte wie Waffen, Gefäße oder ähnliches. [28]

2.4.2 Archäologische Fundbeispiele

Bereits einige archäologisch wertvolle Objekte konnten mit Hilfe des Georadarsystems aufgespürt werden. Im Folgenden werden zwei Fundbeispiele aufgeführt, die demonstrieren, welche Bedeutung das Georadar für die Archäologie hat.

2.4.2.1 Römische Villa in Osttirol

„Mit Georadar begaben sich Innsbrucker und Wiener Archäologen auf die Spuren der römischen Vergangenheit in Osttirol. Dabei konnte in Oberlienz ein ausgedehnter römischer Gutshof, bestehend aus mehreren Gebäuden, entdeckt werden." [29] Diese römische Villa (s. Abbildung 8) wurde in Österreich durch den Einsatz von Georadar gefunden. Die Fundoberfläche war schon lange vor der Messung Verdachtsfläche, da oft archäologische Gegenstände auf dem dort vorhandenen Acker ausfindig gemacht wurden. Daher wurde 2007 eine Probemessung mittels Georadar durchgeführt, die schließlich zu der Entdeckung führte.

---

[28]http://www.ggukarlsruhe.de/Messverfahren_Geophysik_zersto/GGU_Das_Georadar_RD-6_98c.pdf
   Seite 1, aufgerufen am 27.10.2013
[29]http://www.uibk.ac.at/ipoint/news/uni_und_forschung/608095.html, aufgerufen am 27.10.2013

Abbildung 9: Grundrissplan des Gutshofes auf Basis von Georadaruntersuchungen [30]

2.4.2.2 Gladiatorenschule in Niederösterreich

In der archäologisch sehr wertvollen Landschaft Niederösterreichs wurde durch Georadareinsatz eine Gladiatorenschule (s. Abbildungen 9 und 10) wiederentdeckt, welche aufgrund ihrer Vollständigkeit und Größe ein ausgesprochen bedeutsamer Fund ist. [31]

---

[30]http://www.uibk.ac.at/ipoint/news/uni_und_forschung/608095.html, aufgerufen am 27.10.2013
[31]http://www.archaeologie-online.de/magazin/nachrichten/gladiatorenschule-durch-einsatz-von-bodenradar-entdeckt-17983/ , aufgerufen am 27.10.2013

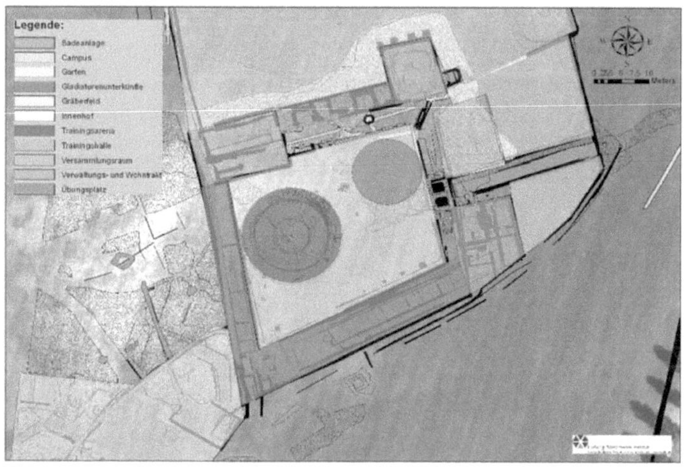

Abbildung 10: Grundriss der Gladiatorenschule auf Basis von Georadaruntersuchungen[32]

Abbildung 11: 3D-Rekonstruktion der Gladiatorenschule[33]

---

[32]http://www.archaeologie-online.de/magazin/nachrichten/gladiatorenschule-durch-einsatz-von-bodenradar-entdeckt-17983/ , aufgerufen am 27.10.2013
[33]http://www.archaeologie-online.de/magazin/nachrichten/gladiatorenschule-durch-einsatz-von-bodenradar-entdeckt-17983/ , aufgerufen am 27.10.2013

3 Das Georadar als vielseitig einsetzbares Verfahren

Im Rahmen dieser Arbeit wurde die genaue Funktionsweise des Georadarsystems und zusätzlich dessen Anwendung in der Archäologie ausgeführt. Nachdem nun das Georadarsystem ausreichend und anhand verschiedener Aspekte erläutert wurde, kann die zu Anfang gestellte Frage beantwortet werden: Die Messmethode findet aus diversen Gründen, wie der zerstörungsfreien Erkundung des Untergrundes und dem geringen Kostenaufwand sowohl in der Theorie, als auch in der Praxis sinnvolle Anwendung in der Archäologie. Das Georadar ist außerdem ein sehr vielseitig einsetzbares Verfahren, was die Anwendungsbereiche anbelangt. Vor allem im Straßenbau wird es eingesetzt, weil es sich gut dazu eignet, Leitungen zu erkennen. Aber auch in anderen Bereichen, wie der Kriminalistik, der Geologie, dem Berg-und Tunnelbau wird dieses Verfahren aufgrund seiner Einfachheit oft angewandt. Selbst die Raumsonde Mars Express, mit deren Hilfe der Planet Mars vollständig kartografiert werden soll, untersucht den Marsuntergrund mittels Georadar. [34] [35]

---

[34] http://de.wikipedia.org/wiki/Bodenradar, aufgerufen am 28.10.2013
[35] http://www.ggukarlsruhe.de/Messverfahren_Geophysik_zersto/GGU_Das_Georadar_RD-6_98c.pdf, aufgerufen am 28.10.2013

4 Literaturverzeichnis

Quellen für den Fließtext: (Nummern stimmen nicht mit den Fußnotennummern überein, da als Fußnote oft die gleiche Website mehrmals verwendet wurde, hier im Literaturverzeichnis wird jede Website nur einmal angegeben)

[1]: http://flexikon.doccheck.com/de/Grenzfl%C3%A4che ; aufgerufen am 25.08.2013

[2]: http://de.wikipedia.org/wiki/Reflexion_(Physik) ; aufgerufen am 25.08.2013

[3]: http://www.ggukarlsruhe.de/Messverfahren_Geophysik_zersto/GGU_Das_Georadar_RD-6_98c.pdf ; aufgerufen am 23.08.2013

[4]: http://www.itwissen.info/definition/lexikon/Dielektrizitaetskonstante-dialectric-constant-DK.html ; aufgerufen am 23.08.2013

[5]: http://de.wikipedia.org/wiki/Elektrische_Feldkonstante ; aufgerufen am 23.08.2013

[6]: http://de.wikipedia.org/wiki/Dielektrizit%C3%A4tskonstante ; aufgerufen am 26.08.2013

[7]:http://www.bgr.bund.de/DE/Themen/GG_Geophysik/Methoden/Georadar/methode_georadar_node.htm ; aufgerufen am 23.08.2013

[8]: http://de.wikipedia.org/wiki/Konduktivit%C3%A4t ; aufgerufen am 26.08.2013

[9]: http://books.google.de/books?id=N5JxVmqhJE4C&pg=PA43&lpg=PA43&dq=Signalabsorption+leitf%C3%A4higkeit&source=bl&ots=rF9u-PncH3&sig=62PHXdH100YcvPU3-qj59k464dQ&hl=de&sa=X&ei=TX8cUo2MNonAhAeQ0IGQCA&ved=0CE4Q6AEwBw#v=onepage&q=Signalabsorption%20leitf%C3%A4higkeit&f=false ; aufgerufen am 26.8.2013, Seite 43

[10]: http://www.bgr.bund.de/DE/Themen/GG_Geophysik/Aerogeophysik/Projekte/abgeschlossen/Aero-Radar/eisdickenmessung_antarktis.html?nn=1547912 ; aufgerufen am 29.08.2013

[11]: http://www.georadarforum.de/?q=de/node/21 ; aufgerufen am 23.09.2013

[12]: http://www.uni-protokolle.de/Lexikon/Georadar.html ; aufgerufen am 26.05.2013

[13]: http://www.munitionsbergung.at/upload/files/diplomarbeit.pdf ; aufgerufen am 26.05.2013

[14]:
http://books.google.de/books?id=F8tWUyXVeRwC&pg=PA47&lpg=PA47&dq=Trans-missionsanord-nung&source=bl&ots=IQ20kE9NU&sig=aBvx4gZKISUZ7A1hEm3sTgOIwYA&hl=de&sa=X&ei=0Y28UcHQE8LXtQbL_YGAAQ&ved=0CEAQ6AEwAw#v=one-page&q=Transmissionsanordnung&f=false ; aufgerufen am 26.08.2013, Seite 47

[15]:
http://books.google.de/books?id=N5JxVmqhJE4C&pg=PA43&lpg=PA43&dq=Sig-nalabsorption+leitf%C3%A4higkeit&source=bl&ots=rF9u-PncH3&sig=62PHXdH100YcvPU3-qj59k464dQ&hl=de&sa=X&ei=TX8cUo2MNonAhAeQ0IGQCA&ved=0CE4Q6AEwBw#v=onepage&q=Signalabsorption%20leitf%C3%A4higkeit&f=false ; aufgerufen am 29.08.2013, Seite 45

[16]: http://www.uibk.ac.at/ipoint/news/uni_und_forschung/608095.html ; aufgerufen am 27.10.2013

[17]: http://www.archaeologie-online.de/magazin/nachrichten/gladiatorenschule-durch-einsatz-von-bodenradar-entdeckt-17983/ ; aufgerufen am 27.10.2013

[18]: http://de.wikipedia.org/wiki/Bodenradar ; aufgerufen am 28.10.2013

[19]: http://www.ggukarlsruhe.de/Messverfahren_Geophysik_zersto/GGU_Das_Geora-dar_RD-6_98c.pdf ; aufgerufen am 28.10.2013

Quellen für die Abbildungen:

Abbildung 1: http://commons.wikimedia.org/wiki/File:Reflexion.svg ; aufgerufen am 15.08.2013

Abbildungen 2,3,4: eigene Fotos

Abbildung 5: http://www.munitionsbergung.at/upload/files/diplomarbeit.pdf aufgerufen am 26.05.2013, Seite 22

Abbildung 6: http://www.ggukarlsruhe.de/Messverfahren_Geophysik_zersto/Geora-dar_1_Bauradar_Bodenradar/hauptteil_georadar_1_bauradar_bodenradar.html , aufge-rufen am 05.11.2013, Seite 1, Abb. 2

Abbildung 7: http://www.arbeitshilfen-kampfmittelraeumung.de/kapi-tel/1206455444651.html aufgerufen am 12.10.2013

Abbildung 8: http://pille.iwr.uni-heidelberg.de/~volumen03/Georadar03.jpg , aufgerufen am 24.09.2013

Abbildung 9: http://www.uibk.ac.at/ipoint/news/uni_und_forschung/608095.html, auf-gerufen am 27.10.2013

Abbildung 10: http://www.archaeologie-online.de/magazin/nachrichten/gladiatoren-schule-durch-einsatz-von-bodenradar-entdeckt-17983/, aufgerufen am 27.10.2013

Abbildung 11: http://www.archaeologie-online.de/magazin/nachrichten/gladiatoren-schule-durch-einsatz-von-bodenradar-entdeckt-17983/, aufgerufen am 27.10.2013